キドアイラク譚

浜島直子

はじめに

こんにちは。浜島直子です。

はじめましての方も、そうでない方も、この本を手に取ってくださってありがとうございます。

私は北海道札幌市出身で、モデルの仕事をしています。ひと回り上の旦那と、ひとり息子と、愛犬１匹と暮らしています。

モデルという仕事柄、華やかに見られることもありますが、実生活はその真逆。趣味も特技もパッとせず、毎日行っていることといえばせいぜい晩酌をすることと本を読むことくらい。旅行もたまにはいいけれど、疲れちゃうのでやっぱり家が落ち着きます。

それでも日々小さなことで一喜一憂があり、なんだか心は忙しい。

ご飯が美味しく炊ければそれだけで幸せだし、息子がなかなか歯磨きをしなければそれだけで沸々と怒りのマグマが湧いてきます。

誰かと比べたりしなくていい。

華やかな暮らしではないけれど、それでも日々、さまざまな「喜怒哀楽」で彩られていると思うのです。


陽だまりのようなささやかな「喜び」。

稲妻のようなとがった「怒り」。

五月雨のようなしめった「哀しみ」。

入道雲のような未知数の「楽しみ」。


この本では、そんななんてことのない日々に訪れたお天気のような「喜怒哀楽」を、ひとつひとつ集めてみました。

私の話で恐縮ですが、もしも、あなたの日々の中を通り抜けたいつかの風をふと感じていただけたなら、こんなに嬉しいことはありません。

もくじ

キ

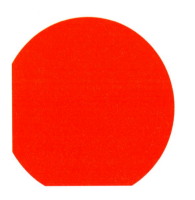

喜1 「分量」

東京で一人暮らしを始めたとき、実家の母が送ってくれた段ボール箱の中にはありとあらゆる生活お助けグッズが入っていました。

アイロン、アイロン台、トイレットペーパー、家庭の医学、風邪薬、絆創膏、ラップ、菜箸、洗剤、計量カップ、などなど。計量カップには、1カップ200ccのところに油性ペンで「米」と母の字で書かれていて、人生で一度も米を炊いたことのない娘を心配している母の気持ちがありありと伝わってきました。

しっかりと書かれた「米」の一文字からは、鼓膜には伝わらない「こ」と「め」の音が発せられ、「ここだよ。お米一合に対して、ここまで水を入れるんだよ。いい？　わかった？」というメッセージが念のようにビシバシ伝わってきました。

その分量まで水をきっちり量って炊いた初めての白米は、それはもう美味しかったのを覚えています。実験に大成功した科学者のような喜びと、炊きたてのご飯から立ち上る湯気が、最高の「ごはんのお供」でした。

しかしもともとが大雑把な性格なので、お米を炊くとき以外はドバッとかチョロリとかパッパの目分量の日々。なんて言ったら料理上手みたいでなんだかカッコイイのですが、最初は失敗の方が多かった……。

塩辛のようにしょっぱくなってしまったパスタをまさに塩辛のようにご飯の上にのせて食べたこともあったし、砂糖菓子のように甘く焦げたブリの照り焼きを卵とじにしてごまかしたこともありました。まぁそれも果敢に実験に挑んだ若き日のいい思い出です。

不思議と今まで一度も失敗せず、毎回ぴったりの分量で作れているのがグラタンです。我が家は一人用のグラタン皿ではなく、ダッチオーブンに家族全員分を入れてグリルで焼き、ドーンとテーブルに出してそれぞれ取り分けて食べるスタイル。

毎回フライパンからダッチオーブンに移し替えるときが緊張の瞬間で「お、多すぎるかな？　全部入らないんじゃ……」とドキドキ。ちゃんと分量を量って作らなかった自分の無頓着さを恨みながら移し替えるのですが、なぜかいつも必ずピッタリとダッチオーブンに全て収まり、「ヒュー！　天才！」と一人静かに喜びを噛みしめています。イェ～イ。

（ん？　誰ですか？　今『そのフライパンとダッチオーブンの容量が、そもそも同じなんじゃ……』と思ったのは。笑）

さて、今日も母が送ってくれたあの計量カップで、きっちり水を量って米を炊くとするか。

使い続けて30年。いまだ消えない「米」。

喜2 「じまんのこ」

毎日おまじないのように息子にかけている言葉が二つあります。一つは、「あなたは世界一のラッキーボーイ」。もう一つは「あなたは私のじまんのこ」。

最初の言葉は、以前雑誌の対談でお会いしたバルミューダの社長、寺尾玄《げん》さんが教えてくださった言葉で、寺尾さんのお母様が「あなたは世界で一番、運がいいのよ」といつも言っていたんだそう。「おかげで何を目指してもいいし、できるかどうかわからないことでも自由にやってみていいといまだに思っています」とおっしゃっていたのにとても感銘を受け、息子が小学校に入ってからの毎朝「いってらっしゃい」とセットで必ず伝えています。

二つ目の言葉は、私の祖母の言葉。おばあちゃん子だった私は上京してからもしょっちゅう祖母に電話していました。特に毎月出ていた雑誌の発売日には必ず電話をかけ、何ページのどの写真の私が一番好きなのか祖母が嬉しそうに伝えてくれるのを聞くことが、仕事へのモチベーションにもなっていました。そのときばかりはその他大勢ではなく特別な一人になれているようで、あのとき噛みしめた悔しさも寂しさも忘れ、目の前に広がる景色が全て自分の味方のように感じられました。

そして祖母はひとしきり孫を褒めた後、必ず「天狗になるんでないよ。自分一人の力でないんだからね」と釘を刺すことも忘れませんでした。うんうんといつものように返事をする私。「したらまたね。また電話ちょうだいね」と言う祖母。この電話が終わってしまう。寂しい。またひとりぼっちになってしまう。と感じた瞬間、祖母がいつも最後に魔法をかけてくれました。

「さすが私のじまんのまごだ」

あぁ、この人のことを悲しませるようなことをやってはいけない。この人にとって誇らしい存在でありたい。この人がご近所さんに私のことを自慢して歩けるようなモデルになりたい。良い人間でありたい。いつも感謝を持っていたい。そうすればこの人が喜ぶから。私はこの人を喜ばせたい。この人が大好きだ。よし、また胸を張って頑張ろう。頑張れる。

だって私は、この人の「じまんのまご」なんだから。

自分が誰かにとってかけがえのない存在だということが、こんなにも自信を与えてくれるのだと教えてくれた、まさに魔法の言葉でした。

魔法の効力は絶大で、今でもずっと効き続けています。それはとてもシンプルで、どうしたら祖母が喜ぶか、悲しむか。祖母にとっての「じまんのまご」であることは、私の正しさの基準と言ってもいいかもしれません。

そして祖母からの言葉の遺伝子を、息子にも受け継いでほしいと願いを込め、日々魔法をかけるのです。

あなたは私の「じまんのそぼ」だよ。

喜3　「買い物」

買い物っていいですよね。ウキウキします。ワクワクします。きっとみなさんも大好きですよね。なんであんなに心躍るのでしょうか。洋服はもちろんのこと、スーパーでの日々の買い物も大好き。（昨今のＳＤＧｓの問題を考えればまた違った視点となりますが、今回はトキメキにスポットを当てて書いてみます）

スーパーで買い物するとき、ちょっとした自分だけのお楽しみがあります。それは値段が３３３円などのゾロ目になっているとラッキーという、超個人的大吉ルール。お肉にお魚、お刺身やシラスなど、その日買う予定のものでゾロ目の値段のものを見つけると、ほくほくカゴに入れます。そんな私を見て育った息子は、すっかりゾロ目信者に。最近では「今日はシラス買うよ」と言うと私よりも先にピューーッとシラスコーナーに行って、ゾロ目のものがないか探してくれるようになりました。いいぞいいぞ。ラッキーを自分で作るって、結構面白いです。
ゾロ目ではありませんが、見切り品も大好き。特によく小松菜のサラダを食べる我が家では、小松菜ハンターとして日々の値段のチェックは欠かせません。２００円超えはなし。１９８円はちょい高い。１５８円は普通。１２８円はグッド。98円はソーグッド。そんな相場を把握してからの、見切り品で60円。はい、きた〜！　もう勝った気分です。（儲かったと掛けているわけではございやせん）
洋服は前から狙っていたものがセールで安くなっていると本当に嬉しい。最近一番嬉しかった買い物は、黒のジャケットです。ＥＳＳＥの連載撮影で着用したギャレゴデスポートというブランドのもので、ジャケットと言ってもかっちりしたコンサバなものではなく、ポリエステル素材でフリースのような厚みのある、暖かそうなジャケットコートです。撮影では白のワンピースに黒のサボサンダルと水色のモヘアソックスを合わせ、そのジャケットを羽織りました。
連載のスタイリスト、福田麻琴さんことマコちんは、いつも私のドストライクなものを用意してくれるので毎回物欲を抑えるのが大変（笑）。可愛すぎてヒーヒーと衣装を選んで撮影するのですが、家に帰ってからも「あぁ、あれ素敵だったなぁ」と、夜な夜な検索してヒーヒーとパソコンを眺める日々。小松菜と違ってそう気軽には買えない値段なのが悩ましい。ううむ。可愛いよなぁ。このタイプは持ってないし。もしあったらあんな格好もこんな格好も……と、言い訳をフル稼働してなんとかこの買い物にマルをつけようと必死です。それがある日30%オフになっていたら、もう、大マルの花マルちゃん！　やった！　今狙ってるリュックも見切り品コーナーに小松菜と並んでいたらいいのになぁ。（想像だけでうっとり）

さて、買い物行くか。

大型パックはお買得
1111
広告の品
国産豚うす切り（バラ）L
24.1.6
218
510
大型パックはお買得
777
お買得品
国産豚うす切り（バラ）
24.1.11
178
437

ヒュー！　気持ちいい！

喜4　「ぼくのかぞく」

みなさん　こんにちは。あべピピです。
すきなたべものは　トマトと　バナナと　ささみと　なっとうです。とくぎは　じゃまな　ばしょをさがして　そこで　ねることです。
ぼくは　まいあさ　おとうさんを　5じぴったりにおこして　ごはんをもらいます。おとうさんは　いつも　ねむいねむいといいますが　いつも　かならずおきて　あたまをなでて　ごはんをくれます。
ぼくのおとうさんは　ほんとうは　いぬが　にがてです。しょうがくせいのときに　いぬに　おいかけられて　じてんしゃで　にげたからだそうです。そのいぬは　さかみちで　おとうさんをおいこして　はしって　とおりすぎていったそうです。だからいまでも　ぼく　いがいの　いぬは　こわいといっています。ほんとうは　ぼくだって　さかみちを　はやくはしれますが　おとうさんには　ないしょにしています。

ぼくのおとうとは　おにが　こわいです。おには　ときどき　おかあさんに　とりつきます。おにがこわくて　おとうとがなきだしたときは　ぼくが　おとうとの　あしのあいだにすわって　おにから　まもってあげます。すると　おかあさんに　とりついていた　おにが　にげていきます。もとにもどったおかあさんは　ぼくと　おとうとをみて　にこにこわらいます。おにたいじは　ぼくのせきにんじゅうだいな　しごとです。

ぼくのおかあさんは　とても　わすれっぽいです。しょっちゅう　せんたくを　ほしわすれたり　たまごを　かいわすれたりします。そし

て　まいにち　まいにち　ぼくに　おなじことを　いいます。

「生まれてくれてありがとう。うちに来てくれてありがとう。
ピピちゃんに会えて、とっても幸せ。
生まれ変わっても生まれ変わっても生まれ変わっても、
またお母さんのこと見つけてくれる？　また走って来てくれる？
お母さんも、絶対にピピちゃんのこと見つけるからね。約束だよ。
大好きよ、ピピちゃん。ずっと一緒よ」

ぼくは　まいにち　しらんぷりして　おなじことを　きいてあげます。ぼくのおかあさんは　とても　わすれっぽいのです。
そして　おかあさんは　うれしそうに　ぼくのおでこに　キスをします。

みなさん　ときどき　だんごたべながら　がんばってください。

喜5　「ニャゴニャゴ」

大型連休に家族で青森に行ってきました。

息子の大好きな絵本『11ぴきのねこ』（馬場のぼる著／こぐま社）に登場するねこたちの石像が、三戸町のあちらこちらに11体点在しているということで会いに行くことになったのです。（作者の馬場のぼるさんが、青森県三戸町のご出身なんだそう）

大人ではなかなかない発想の旅行だったのでいいきっかけをくれた息子に感謝しつつ、いつの間にか息子よりも夢中になって計画を立てている大きな子ども二人がいました。宿は？　電車は？　歩くルートはどうする？　ニャゴニャゴ。

時間の無駄がないように綿密に計画を立てて、いざ出発。当日は天気にも恵まれ、電車の乗り継ぎもばっちり。青い森鉄道の三戸駅で降りて、まずはそこから1体目の石像を目指し軽快に歩きだしました。

およそ徒歩20分くらいで1体目に到着。わーいわーい！　本物だ！　とらねこたいしょうだ！　と、3人で大盛り上がり。ほくほく顔で石像の前で記念写真を撮り、2体目へレッツゴー！

事前にダウンロードしておいたマップを見ながら、だいたいこっちの方かな？　と歩きだしたのですが、30分ほど歩いてもなかなかそれらしきものは見当たりません。息子がぐずり始め、大人も「なんだか雲行きが怪しいぞ……」と内心ドキドキ。ニャゴニャゴ……。

こ、これは11体歩いて回るのは、無理なんじゃ……。と心が折れかけたそのとき、目の前に「三戸タクシー」の看板が！　ニャゴ〜！

ヨロヨロとドアを叩いた3人家族を見て、おそらく全てをわかってくれたのでしょう。優しい笑顔のおじさまが対応してくださり、すぐに2体目の石像まで連れていってくれました。うぅ。感涙。

その上「できたばかりの別のキャラクターの石像もあるよ。あとラッピングバスも2か所に展示されてるから連れていってあげる」と、私たちの知らなかった情報も教えてくれてスイスイと町を縫うように案内してくださったり、「お昼ご飯は？　もしまだなら、最後に見る石像を『道の駅』にしてあげる。あそこなら休憩もできるから」と、ルートまで考えてくださったり。もう本当にありがたくて嬉しくて、後光が差して見えました。ニャゴ〜ゥ。

それにしても、「大人の武器は経験と計画性だぜ！」と言わんばかりにバッチリ調べて行ったつもりでしたが、まだまだ甘かった。行ってみなければわからないことの方が多いですね。そして時間の無駄のないようにと計画を立てるのも楽しいけど、無駄かと思う時間ほど案外記憶に残ったりするもんです。「思ってたんとちがう」に遭遇したときにどうやって楽しむかが、旅の醍醐味なのかもしれないなぁ。

11匹のねこたちのように、欲望に素直に、柔らかい心で、ね。ニャゴニャゴ♡

一期一会を大切に。ありがとうございました。

喜6　「ホットサンド」

好き嫌いが多く食べるのも遅い息子。朝は特にダラダラモードで困っていましたが、最近救世主が現れました。それはズバリ、「ホットサンドメーカー」！（ドラえもんの道具のようなイメージでお願いします。うふふ）

いつか欲しいなとは思っていたのですが、これといった買うきっかけがなく、いや、正直に言いますと、ホットサンドの存在を知ったのはだいぶ大人になってからで、「ホットサンド」→「東京にはこんなオサレな食べ物があるのか！」→「オサレなカフェで食べるもの」→「家では作れない」という変な図式が出来上がってしまい、なんとなく家でホットサンド的なものを作るときは手でギュッと押して無理やりぺちゃんこにしていました。私よ、一体何と戦っていたんだよ。今考えたら、手、熱かったなぁ……。（遠い目）

それがある日、取材で『だいどこ道具ツチキリ』を訪ねる機会があり、店主の土切敬子さんからおすすめの台所用品をいろいろ教えていただきました。

ちなみに『だいどこ道具ツチキリ』は、土切さんのご自宅の玄関を改造してつくった小さなお店です。井の頭公園の住宅街にあることや、どこか懐かしさのあるアットホームな雰囲気は、思わず「ただいま」と言いたくなる居心地の良さ。なんと言っても土切さん自らセレクトしているという選ばれし台所用品たちはどれも本当に素敵。こんな道具に囲まれて暮らせたら自分もセンスの良い暮らしができるんじゃないかと、嬉しい妄想が膨らみます。

そんな土切さんのお店にあったのが、『サンドdeグルメ』のホットサンドメーカーです。私の中の「オサレ代表道具」をついに手に入れてしまった喜びを噛みしめながら、早速次の日の朝にホットサンドを作ってみました。

中身は息子の大好きなハムとチーズ。こっそり野菜も入れたいところですが朝は1分1秒が純金レベルの貴重さなので余計なものは一切入れず。こうすることでパクパク食べてくれる……はず！

見事母の予感は的中しました。「何これ!?　めっちゃうまい！」と、あっという間に食べてくれたときの勝利感。心の中でポパイ並みのぶっとい腕でガッツポーズしたのは言うまでもありません。

ただ不思議なのは、今までもハムとチーズをのせて焼いたトーストを出していて、味的にはそれと全く同じなのに、なぜホットサンドの方が「めっちゃうまい」になるのだろうか。ううむ。謎です。まぁ食べてくれるならいっか。

今でもホットサンドブームは続いています。最近のお気に入りは、ハムとチーズとハチミツ。さあ、元気に今日もいってらっしゃい！

毎朝お世話になっています。

喜7 「コーヒー」

毎朝息子をバタバタと学校へ送り出した後、一杯のコーヒーを飲むことが至福の時間になっています。慌ただしかった時間にスッと線を引くように、ゆっくりと一呼吸つくのです。

コーヒーを淹れるのは主に旦那の担当。でも旦那が忙しそうなときは私が任されることもあり、ここ最近やっとスムーズに淹れられるようになりました。

まずはお湯を沸かしている間に豆をミルでガリガリと挽きます。量は33グラム。なんだか縁起が良さそうというわけではなく、大きめのカップで濃いめのコーヒーを二人で飲むのにちょうどいい量だと、研究熱心な旦那がたどり着いた33グラムです。

お湯が沸いたらカップとサーバーに少量注いであらかじめ温めておきます。このちょっとした作業が一つのことに集中している演出のようでなんだか良い。そしてドリッパーにペーパーフィルターをセットし、挽きたてのコーヒー粉を入れて、真ん中に「の」の字を書くようにお湯を注ぎます。ハンバーグのように膨らんだら20秒ほど待って。後は再び「の」の字を書くように、細くゆっくりとお湯を注いでいく……。

と、まるで根っからのコーヒー好きのように書いていますが、元々は超がつくほどの面倒くさがりで、家でわざわざコーヒーを淹れるだなんて全く考えたこともありませんでした。

それが『コーヒーの絵本』（庄野雄治作　平澤まりこ絵／ミルブックス）を読んだとき、「へぇ。コーヒーって、ただの消耗品じゃないんだ」と感じたのです。なんと言うか、何かを与えてくれる儀式というか。

その絵本は絵も文もとてもシンプルでセンスが良く、それでいてチャーミング。その素敵な世界観に惹き込まれうっとりと何度も読み返しました。（ハンバーグという表現もその絵本に書いてありました）

しかしその当時はまだ息子が赤ちゃんで日々慌ただしく、わざわざ家でコーヒーを淹れるという行為に関しては「そんな優雅な時間が持てるなんて羨ましい。私には関係ないや」

と、別の世界の出来事のように感じていました。

それはきっと憧れの裏返し。そうでなければ心に引っかからないと思うのです。

今では「優雅な時間を与えられたお洒落な他人」ではなく、「優雅な時間を自分で作ることのできるごく普通の私」に変わりました。優雅さとは、丁寧な所作の残像。

私があのとき感じた何かとは、「そこに潜む喜び」だったのかもしれません。

さて。今日もまずは一杯のコーヒーを。

師匠から弟子へ。美味しくできるかな。

奇

「見えないもの」

あの人元気かなと思っていたら向こうから歩いてきたり、ぼんやりとカレーのことを考えて帰宅すると家族がカレーを作っていたりすることがある。

見えない何かが私たちに何か見えないものを伝えようとしている気がするときがある。

36歳のとき、初めての妊娠をした。

結婚15年目でそろそろ本格的に子どものいるライフスタイルを意識し始めたときだった。そう簡単には授からないだろうと思っていた矢先の妊娠だったため、驚きとともに自分の持って生まれた運の強さを確認する「自分のための出来事」にも感じた。

しかし神様は全てお見通しだった。私のあさましい欲望や、全て意のままにコントロールしようとする心の弱さと、黒々とした我の強さ。表面上しか掬い取ることをせず深く考察しようとしない堕落した私の全てをお見通しだった。

流産したのは6週5日目に当たる、10月28日だった。

荒野にぽつんと立たされたようだった。

そもそも私はいったい、何が欲しかったんだろう。何を望んでいたのだろうか。「子どものいる私」か。「私の子ども」か。ぐるぐると目が回り、ぐらぐらと身体が引っ張られる。大きなうねりに引きずり込まれる。まるで自分の身体が自分のものではないようだった。嵐はやまず、いっそこのまま粉々にしてほしいとすら思う。命とは、私とは、いったいなんなのだろうか。自分の意思ではどうにもならないことがある。ひれ伏す。ごうごうと耳鳴りがし、ざんっと一気に掃き出される。

目を開けると愛犬がお腹にぴたりとくっついて寝ていた。それはとても温かく、世界と自分との間にかかる橋のようだった。ゆっくりと深呼吸する。

私はいったい、何を望んでいたのだろうか。

じゃぶじゃぶに濡れた肌が乾く頃、何かがチクタクと動きだし、静かに心が起き上がる。景色が少しずつ変わり始める。

再び妊娠ができたことは、本当にありがたいことだった。感謝をしてもしてもしきれず呆然とする私の代わりに、祖母が「よかったね」と泣いた。
産院に行き、作成された書類を見たとき、思わず「あっ」と声が出た。
出産予定日が、10月28日だった。
見えない何かが私たちに何か見えないものを伝えようとしている気がするときがある。
それはまるで、祈りのようなもの。
隣にいた旦那と目を合わせ、小さく頷いた。

記　「ほくろ」

生まれて初めての記憶は、2歳の頃に家族が引っ越しの準備をしている、私の目線からの風景。

大人たちはせわしなく行き来していて、私と姉は積み重なった段ボール箱に折りたたみテーブルを立てかけ、滑り台のようにして遊んでいた。花柄模様のテーブルで、淡い色合いは元々なのか日焼けにより劣化したものなのか、少女たちはそんなことなどみじんも考えることなく、ただ自分たちが履いている毛玉だらけの真っ白なタイツが、このテーブルと相性が良くとてもツルツル滑ることに興奮して遊んでいた。そのとき引っ越しの手伝いをしに来てくれた叔父が窓からニュッと顔を出した。私は咄嗟に「あ、怒られる。どうしよう」と思ったが、叔父は「いいなぁ。楽しそうだなぁ」とニコニコ笑って言い、また作業に戻っていった。私は安堵感とともにこの遊びが正式に認められたように感じて、ことさらに興奮して遊び続けた。

この記憶はまるで頭の中のほくろのように記され、思い出すたびに色や形が微妙に変化しつつも「そのとき確かに存在した証明」として私の中にしっかりと刻まれている。

私の記憶には二種類ある。自分の目線からのものと、まるでカメラで全体を撮ったように自分の姿が見えるもの。

おそらく後者は頭の中で「このときの正解はこんな感じだった」と脚色し、自分の正しさに寄せてストックしているのかもしれない。そう考えると、前者は現実に起こった事実により近く、後者は自分の中の真実により近いのだろうか。いや、そもそも過ぎてしまったこの一瞬一瞬の出来事はもはや全てあやふやで、おぼろげな夢の一部として混ざり合っていくだけなのかもしれない。そしていつしか夢か現実かの区別がなくなり、悲しみも喜びも混ざり溶け合って境界線をひょいと越えたとき、その場所こそが本当の真実になるのかもしれない。

最後に一つ、事実を。

私が高校生の頃、左手の手のひらにほくろができた。大きさは2ミリほどだったが色が濃く、はっきりとしていて、指をグーにするとちょうど小指の先で隠れる場所にあった。

息子が生まれ3歳になった頃、左手の手のひらに小さな棘が刺さった。指をグーにするとちょうど小指の先で隠れる場所だった。すぐに毛抜きで抜いた。少し皮がむけてうっすらとピンク色になり、数日経つとそこは薄いシミのようになって、いつしか小さなほくろとなった。

季節が変わっていくごとに息子のほくろはゆっくりと濃さを増し、徐々にはっきりとしてきて、私のほくろはゆっくりと薄く、小さくなっていった。今では私のほくろはほとんど見えなくなり、消えそうなほど淡く霞んでいる。

さて、どんな真実を記憶に記そうか。

ド

怒1　「朝の準備」

もう怒らないようにしようと毎日心に決めて、また怒ってしまったと毎日ため息をついていることがある。それはズバリ、息子の朝の準備の遅さ。

いや、間違えた。朝だけじゃないわ。お風呂に入るときも、寝るときも、いつだって「早くしなさい」とだんだんイライラモードになっていき、しまいにはしっかり怒っている。叱っているならまだしも単に怒っているのだから、こちらも自分の器の小ささをまざまざと確認することになり、ものすごく疲れてしまう。そしてまた噛みしめる独特のモヤモヤ感。

「はい、今の言い方は2点でした〜（100点満点中のね♡）」と自分で自分に親としての赤点をつけているような、どよ〜んとした気持ちが残ってしまう。

なんなんですかね。じゃあ怒らないで言えばいいのにね。でも怒ってしまうジレンマよ。

まぁ仕方ないか。だってＡＩじゃないもの。生身の人間だものね。ホルモン先生が暴走するときだってあるしね。あぁ、アイラブユーだけ言っていられればどんなに楽チンなことか……。

特に朝は気持ちよく学校に行ってもらいたい。家を出る瞬間の気持ちによって、その日一日をどんなふうに過ごせるか大きく変わってくると思うから、晴れやかな気持ちで送り出したい。もちろん生きていればどんより曇り気分のときだってあるけれど、せめて親が曇りの原因にはならないようにしたい。

それでですね、考えたんですよ。「先手先手のえらいね作戦」。

これは息子に「こうしておいてほしいな」ということを先手先手で言ってしまい、最後に必ず「えらいね」とか「頑張ってるね」をつけて、先にもう褒めてしまおうという作戦。これが結構いい。たとえまだ一口しか食べてないおにぎりを手に持ったままボーッと10分経っていたとしても「ちゃんと食べてるね。えらいね」と声かけを。すると「おっといけねぇ。そうだった、オレは今、朝ご飯を食べてるとこだった。宇宙と交信してる場合じゃなかったぜ」と思うのかはさておき、大体の場合はハッと我に返ってちゃんとまた食べ始めるのです。こちらも「まだ食べてないの？　早く食べなさい！（怒）」と声かけするよりずっと穏やかでいられるから疲れにくくて良い。これはもう息子のためでもあるし自分のためでもあるから、ある意味護身術ですね。はい。

そしてまた朝が来て、またイライラして、またグッとこらえたり褒めたりして、また朝が来て。何が言いたいかと言いますと、「息子よ、今日も愛してるよ」ということに尽きるのです。はい。

今日も元気にいってらっしゃい。

毎朝、出かける前の寝かしつけも欠かせません。

怒2 「蚊VS蝿①」

私はロングスリーパーです。今でもしっかり9時間は寝たい。でも最近は歳のせいか夜中にトイレで目が覚めることも多くなり、ぶっ通しで寝続けられる日が貴重になってきました。

そんな貴重な「ぶっ通し睡眠」の邪魔をするのが、息子の寝相、旦那のいびき、そしてなんと言っても迷惑第1位が、蚊です。

あのどこからともなく聞こえてくる「……プゥ〜…ゥウゥ〜ン……」という微弱音。ぐっすり寝ていたはずなのにハッと目が覚めるのは、「やばい！　起きろ！　血を吸われるぞ！」という本能のなせるわざでしょうか。余談ですが、息子が赤ちゃんのとき、どんなに疲れ果てて寝ていても、ちょっとでも息子がぐずるとハッと目が覚めたのも本能の一種なのかしら。そう考えたら蚊もなんだか愛おし……くない。神様ごめんなさい。やっぱり

奴らはどうしても愛せません。百歩譲って生きるために血を吸わなければならないとして、せめて、かゆくしないで。（トホホ）

『世界・ふしぎ発見！』のミステリーハンターだった頃、ありとあらゆる虫除けグッズを準備して行ってました。元々体温が高いからか、酒飲みだからか、血液型がO型だからなのかはよくわかりませんが、とにかく蚊に刺されやすい。

日中のロケでは薬局で買った効き目の強そうな虫除けを使い、ロケが終わり一旦シャワーを浴びてから外に晩ご飯を食べに行くときは、天然ハーブ系のものを浴びるようにかけて行きました。だってせっかくシャワーを浴びて汗も埃もスッキリきれいに流したのだから、なるべく化学的なものは使わずにいた方がぐっすり寝られるんじゃないかという、なんの根拠もないただの個人的な感覚です。ただただぐっすり寝たいというロングスリーパーの意地ですね。ちなみにダニや床ジラミが多そうな場所に行くときは、インドネシアのベテランコーディネーターさんが作ってくれた、白いシーツを筒状に縫い合わせた寝袋のような形状の「お手製ダニ予防シーツ」を必ず持参し、その中に入って寝ていました。そうすれば手足もすっぽり覆われて、どんなベッドでも快適に眠ることができました。

でも、蚊だけはそんなシーツなんて関係なく襲ってきます。息をするために顔だけシーツから出していると、そこをめがけて「……プゥ～……ゥウゥ～ン……」とやってくるのです。くうぅ！　どうする!?　明日もロケがあるよ！　顔を刺されたら腫れてカッコ悪い上に、ガンガン日を浴びるからシミにもなるよ！　もうこうなったら……顔はやめて、ボディにして！　と、泣く泣く腕を一本シーツから出したときの悔しさと言ったら……。（遠い目）

今気づいたのですが「蚊と蝿、どっちが嫌か」を書こうとしたのですが、蚊だけで終わってしまいました。う、うぐぅ。蚊め。蝿コーナーはこの次で。

以前ブヨに42ヶ所刺されてから川遊びは完全防備で。

怒3　「蚊vs蝿②」

『世界・ふしぎ発見！』のロケで乾燥地帯によく連れていってもらいました。エジプト、モロッコ、スーダン、リビア、モンゴル、ペルー、オマーン……。こう書いているだけでも思い出します。荒涼とした大地、まるで呼吸をしているようにうねる砂漠、そして、蝿。

もちろんジャングルにでもどこにでも蝿はいますが、私の超個人的体験として言わせてもらうならば、乾燥している地域の方が身体に蝿がまとわりついてくる感がものすごい。ものすごい。（思わず2回言いました）

それは水分補給のためだと現地コーディネーターさんに教えてもらったことがあります。確かに、ひび割れが起こるほど枯渇した大地で水分を求めるとなると、そこにいる水分の塊、生命体から水分をゲットするしかありません。そう考えたら蝿もなんだか愛おし……くない。神様ごめんなさい。やっぱり愛せないわ。これから食べようとカップラーメンの蓋を開けた瞬間に湯気めがけてブンブンやってくる蝿たちよ。いや、乾燥したパンにだってわずかな水分を求めてやってきます。もうこれも、百歩譲って生きるためには仕方がない。でもせめて、トイレの真っ最中に水分めがけてプライベートゾーンに突進してくるのだけはやめて。(トホホ)

蝿との戦いで一番忘れられない体験は、モロッコのロケでのこと。広大な砂漠をバックに「クエスチョン」を撮ることになりました。「クエスチョン」は番組の一番の山場。自然と気合が入ります。心地よい緊張感の中、ポジションに立ちます。風が砂漠の表面をなで、薄いベールのように砂がふわりと舞い上がります。呼吸を整えます。

「それではここで、クエスチョンです」お腹から第一声を出してから大きく息継ぎをしました。そのときでした。

「ブブブッ」何かが喉に飛び込んできました。一瞬の出来事で気のせいかとも思いましたが、確かに喉に違和感を覚えたので一旦カメラを止めてもらい、痰を吐く要領で喉の奥から異物をペッと出しました。

それは、蝿でした。蝿でした。（2回言いました）

私の唾の表面張力に囚われた蝿は、飛ぶことができずにブブブッ、ブブブッと必死にもがいていました。黒くて、ふくふくと太った、大きな蝿でした。

「蝿と粘膜で触れ合ってしまったショック」か「蝿を飲んでしまわなくてラッキー」か、今後どちらにベクトルを合わせて生きていこうか……。そんなことをぼんやり考えながら煌めく砂漠を眺めました。あぁ。美しかった。私が蝿を飲もうが飲むまいが、どうでもいいほど、美しかったなぁ。

【結論】蚊も蝿も、私もあなたも、みんな一生懸命生きている。

砂漠でスキー、最高でした。
（この時は蝿を飲みそうになることはまだ知らない）

怒4

「第二感情」

息子が5歳の頃、スーパーで男性に大声で怒鳴られたことがありました。

2020年の春、今までの当たり前が当たり前ではなくなってしまうような、得体の知れない不安に包まれてきた頃でした。「小さな子とスーパーに行かない方がいい」というステイホーム中の暗黙の了解が出来上がる前だったというのは、今となれば私の言い訳ですが、そのときは「少しでも気分転換になれば」と一緒に出かけてしまったのでした。

息子と一緒にお肉を選んでいるとき、久しぶりにスイミングスクールのお友達に会えました。スイミングスクールは早々に中止になっていたので、息子とそのお友達は喜びの奇声をあげて、鉄砲玉のように走りだしました。あっという間の出来事でした。ネズミが2匹、シュッと通り過ぎるような勢いで、お魚コーナーを駆け抜け、卵コーナー、惣菜、ドリンク、パンのコーナーまで円を描きました。これは純粋に追いかけてもダメだと、私は先回りしてお酒のコーナーで立ちはだかり、2匹のネズミを無事捕獲しました。

私は息子の目線までしゃがみ、なぜスーパーを走ってはいけないのか説明し、きつく叱りました。その後一旦呼吸を整え、「誰かを怪我させてしまうことはもちろんのこと、あなたが怪我をしてしまったら、とても悲しい。悲しくて想像しただけで涙が出る」と伝えました。強張っていた息子の顔が緩み、目から涙がポロポロ溢れ「ごめんなさい」と言いました。そしてもう二度と走らないことをゆびきりげんまんして、抱きしめました。

その後の出来事でした。買い物を再開して息子と一緒に卵を選んでいると、大きな体格の40代くらいの男性が「お前が親か！」と、ものすごい勢いで近づいてきました。私がこの子の親だと言うと「何やっとんのや！　店員さんも注意できんくて困っとったで！　親のくせに自分の子どもの躾もできんのか！」と、店が揺れるほどの大声で怒鳴ってきました。私は「本当にその通りです。申し訳ございません」と頭を下げ、謝罪しました。すると怒りの矛先が息子に向かい、「お前も謝れや！」と怒鳴りました。息子が小さな声で「ごめんなさい……」と言うと、「もっとちゃんと謝れや！」とまた怒鳴りました。私が息子を抱き寄せ、一緒に頭を下げ「ごめんなさい」と言うと、「もっとちゃんと謝れ」「謝り方も教えてないのか」「躾がなってない」とまた怒鳴りました。もはやそれは人でありながら人ではなく、怒りの感情に隅々まで支配された物体のように見えました。息子を守るようにしっかり抱きしめ、このやりとりはどうすれば終わりになるのか困惑していると、遅れてやってきた旦那が、「謝ってるじゃないですか」と、冷静な声で言いました。男性は驚き、黙り、くるりと向きを変え歩きだしました。アイスクリームコーナーの角を曲がるとき、再び大きな声で「躾がなってへんなぁ〜!」と叫んでから姿が見えなくなりました。私たち3人は雷に打たれたように、しばらくそこに立ち尽くしていました。

以前アンガーマネジメントの専門家の方とお話しする機会があり、興味深いことを教えてくださいました。「怒りは、第二感情」なんだとか。悲しい、寂しい、恐ろしい、不安、心配などの「第一感情」があり、その感情が怒りに変化するんだそう。

あの男性の怒りの原因となった第一感情はなんだったのだろう。謝っても謝っても、まだ足りない、足りない、と訴える第一感情は。

そしてこのことを思い出すたびに、私の中にぼんやりと湧いてくる小さな怒り。この第一感情は、一体なんなのだろう。

息子生後2ヶ月。旦那の実家の玄関前で。

怒5 「イライラ」

なぜ息子がゲームばかりしているとイライラしてしまうのか、考えてしまいます。読書やお絵描きなら「何時間も集中してすごいなぁ」と思うのに。なぜ、ゲームだと？　誰かが作ったものに踊らされてると感じるから？　とにかくモヤッとしてしまうのです。

息子はこだわりが強く頑固で、一度こうと決めたら周囲の目など全く気にせず「自分のやり方」を貫くタイプ。そんな彼は「学校は毎朝必ずお母さんと行く」と決めたらしく、今でも私と一緒に登校しています。（学校のカウンセラーに相談したり、家族会議を繰り返し、私が仕事で朝いないときはお父さんと一緒に行っています）

小学4年生になった頃、そろそろ一人で行った方がいいんじゃないか、お友達に変に思われて息子が嫌な思いをするんじゃないかと思い、一人で学校に行かせる練習をさせることにしました。とりあえず週に一度から始めてみよう、と。

どうやって伝えたら頑固な息子を納得させられるのか旦那と知恵を振り絞り、息子の性格を考慮した上で良い言い方を思いつきました。

「お父さんもお母さんもあなたのことが大好き。いつだって応援している。あなたが夢中になっていることも心から応援している。今あなたが夢中になっていることはゲームだよね。あなたの好きなことは応援したいんだけど、ゲームには中毒性があって、執着心で脳がゲームに支配されてしまうことがある。だから、『大丈夫です。僕は執着してません』っていうことを伝えてもらうために、週に一度だけ一人で学校に行って『お母さんにも執着してません』って証明してくれない？　そしたら『あぁ、大丈夫だね。執着してないなら、思いきりゲームを楽しめるね』って応援してあげられるから」

ちょっと無理やりな感じもしますが、これで週に一度でも一人で登校する習慣ができれば、そこから彼にとって新しい景色が見えてくるのではと思ったのです。

学校から帰ってきた息子に早速伝えると、涙をポロポロ流しながら「いやだ。おちゃぷー（私のことをこう呼ぶのです）と一緒に行く」と言いました。うんうん。そうだね。これは想定内です。ところが、次のセリフは想定外でした。

「それなら、週に一回ゲームをやめる。それで執着してないことを証明する。だから学校はおちゃぷーと一緒に行きたい」

迷いなくそう言った息子の表情を見て、新しい景色が見えたのは私の方でした。

大人の凝り固まった価値観の物差しで、息子のことを測っていたのではないか。もう4年生だから。周りがみんなそうしているから。

朝一緒に学校に行くというささやかな習慣を、たったそれだけのことを守ってあげるだけで彼の世界のバランスは整い、笑顔で登校し、笑顔で帰ってくる。それでいいんじゃないか。それが全てなんじゃないか。夫婦でそう話し合い、彼の当たり前を守ってあげようと、毎朝一緒に登校することに決めました。

不思議なことに、そう決めてから自分の中で小さな変化がありました。ゲームに対して以前ほどモヤッとすることがなくなったのです。もちろん「またゲームばっかりやって」とイライラすることはあります。

でも、「私には私の、彼には彼の、世界のバランスの取り方がある」と心の奥に留めているだけで、以前のイライラとは少し違うような気がしているのです。

深呼吸、深呼吸。

怒6　「怒りの所在地」

ヨガをやっている方が、よく「チャクラが開いた」と言うことがあります。

私はヨガをやっていないので「チャクラってなんやねん」というレベルの無知さですが、最近なんだかパカーンと開いているというか、スコーンと抜けたというか、不思議な感覚があります。いや、単なる年齢特有のアップダウンのバイオリズムなのかな？　とにかくなんだか清々しいのです。

具体的にどんな感覚かと言うと、何事も「今の自分にとって起こるべくして起こっているベストなタイミングと出来事」だと心から思える。それ以上でもなくそれ以下でもなく、見晴らしの良い景色をただ眺めているように、色をつけずにそのまま受け止められる。それは諦めとは違い、とても前向きです。心がぐらぐらせず、ただただ起こる物事をそのままスッと受け入れられるのです。

もちろん無性にイライラする日もあるし、怒りを感じることもあります。でも、その怒りがまるでカプセルに入っているように何かに包まれている感じなのです。確かにそこに怒りや苛立ちがあるのですが、カプセルに入っているからドバーッと広がってじわじわ侵食されることがなく自分のテリトリーは侵されない、というイメージです。

例えて言うなら、水族館のようなものかもしれません。水槽に入っているから、ドバーッとこちらに水が来ない。そしてしげしげと魚を観察して、「あなたはこういう形でこういうふうに泳ぐのか。へぇ」と、そのまま受け入れる。そんな感じでしょうか。

水つながりで好きな言葉があります。「水に流す」です。

これは旦那が前に言っていたのですが、誰かに対して怒りを覚えたとき、「許す」のではなく、「水に流す」という選択もあると。

どうしても何かを許せないとき、許すことができない自分の器の小ささにも嫌な気持ちになってしまうことがあります。そんなときは無理に許さなくていい。ただ、それに囚われるのをやめてみること。そのまま水に流すのだと。

先ほどの例えで言うならば、カプセルに包んでシャボン玉のように浮遊させたっていい。

水槽に入れて観察したっていい。そうイメージしてみると、この魚は自分の水族館を充実させるための単なる一種類に過ぎないと思えてくるのです。

この状態、一体いつまで続いてくれるのかしら。チャクラが開いているのか、はたまた年齢特有の浮き沈みなのかわかりませんが、どちらにせよこの清々しい状態がなるべく長く続くといいな。とても心地よいから。

そしてまたどよーんとダメダメモードになったら、それはそれで面白いことが書けそうだから（笑）、またいつの日かご報告させてください。

沖縄の美ら海水族館。

怒7 「肩」

20代の頃、カット数の多いカタログの撮影をしていたときのこと。

私ともう一人のモデルさんで着替えては撮って、着替えては撮って、さくさくと流れ作業のように順調に進んでいきました。さあ、次の衣装は肩幅の狭いナチュラルな雰囲気のジャケットです。はい、着ました。カメラ前に立ちました。ん？　なんで撮ってくれないのかな？　あれ？　スタイリストさんがいぶかしげな顔で近づいてくるぞ。私の肩を触りました。何かを確認しています。驚いた表情の後、困った顔になりました。カメラマンに何か相談しています。そして言われました。

「ごめんね。〇〇ちゃん（もう一人のモデルさん）と衣装替えてくれる？」

私の怒り肩という名の天然肩パッドが、ナチュラルで優しいジャケットをいかつくて強い雰囲気にしてしまい、衣装チェンジとなったのでした。くうぅ。

自分の肩が怒り肩だと初めて気がついたのは、中学生のときでした。浴衣を着てお祭りに行ったら、友だちに「はまちゃん、すごい肩幅あるね」と言われたのです。

カタハバ……。なんじゃそりゃ。

それまでは蟻の目線で素敵かどうか判断していましたが、その瞬間から犬くらいの目線に変わりました。他人に与える印象は柄や色というだけではなく、シルエットというものがあることを知ったのです。

モデルになってからはさらにシルエットを意識するようになりました。肩はハンガーの役目です。肩幅が狭ければそれだけでシルエットが細くなり、華奢でイノセントに見えます。ぐぅ。羨ましい。私もイノセントになりたい。私は必死でした。肩をぐるりと後ろに回してグッと力を入れ、肩を落として少しでもなで肩になるよう日々訓練しました。するといつからか肩を外せるようになり、意識的になで肩を作れるようになりました。（よいこはマネしないでね）

ある日、雑誌の対談連載の仕事で歌舞伎役者の中村七之助さんにお会いしました。とても優しく温かいお人柄のおかげで和やかに対談は進んでいきました。

七之助さんはスーツをお召しになっていて凛々しく素敵でしたが、女形の衣装を着るときは「意識して肩を落とし、なで肩にするんです」とおっしゃっていました。
それを聞いた私はピカッと目の前が閃光するほど嬉しくなり、ほぼ反射的に「あ！　私もです！　私は肩も外せます！」と言ってしまいました。（今書いていて顔から火が出そうです。しかも『私も』って。『も』って……。ばか）
七之助さんは「え！　肩が外せるんですか！　すごい！」と笑って言ってくださいました。（七之助さま、本当にありがとうございます）
私の肩に手を乗せてもらい、クイッと外してみせると、「本当だ！　すごい！　負けました！」と大笑いしてくださいました。
そして最後に色紙にサインを書いてもらったのですが、そこには『肩はずしマスターします！』とも。あんなに嫌だった怒り肩が、チャームポイントに変わった瞬間でした。今ではちょっと自慢の肩です。ふふ。

25歳。世界ふしぎ発見の初ロケでフィジーへ。

土

「土曜の午後」

土曜に鳩を見た。

小学3年生くらいだったろうか。午前の授業を終えて帰宅し、母が作った焼きそばを食べ、何もやることがなくなんとなく自転車で近所の公園に行ったときだった。

大きな桑の木と、名前のわからない花が咲いているその足元で、一羽の鳩がせわしなく地面をついばんでいた。太っても痩せてもいないごく普通の鳩で、全体的には灰色だが首まわりの模様が緑とピンクのグラデーションになっており、動くたびに模様がテラテラと銀色に輝く様子は、雨に濡れたアスファルトで時折見る七色の油のようだった。

何をそんなに一生懸命食べているのか気になり近づいてみると、鳩は水飲み場の方へパッと逃げてしまい、うらめしそうにこちらをじっと見ていた。

そこには食べ物らしきものは何もなく、ただの土があるだけだった。

木陰の土はしっとりと湿っていた。土の中にミミズでもいたのかもしれないと思い手で掘ってみると、柔らかく手のひらで土が転がった。冷たさが心地よく、ぎゅっと握るとクッキーの生地のようにほろほろと崩れ、こっくりとした甘い香りがしてきそうだった。

鳩は土を食べていたのかもしれない。

好奇心が抑えられず、手のひらの土をぺろりとなめてみた。ひんやりとしていて、甘くもしょっぱくもなく、ただの土の味だった。

「初めて口に含んだはずなのに、なぜ『土の味だ』とはっきりわかったのだろう」

振り返ると、まだこちらをじっと見つめている鳩と目が合った。その瞬間、夏の陽射しのような強烈な鳩の念が隅々までしっかり身体中に浸透していった。

念が浸透したせいで、口の中にあるものは土ではなく鳩の羽根になった。

舌で羽根をかき分けると、ボツボツとした毛穴に舌先が当たり、その硬さに鳥肌が立った。鋭い爪が歯茎に食い込み、逃げるように岩陰に隠れたが、岩だと思っていたのは鳩の指の関節だった。鳩は水飲み場ではなく、私の口の中にいた。唾液が羽根に吸い取られ、私と鳩の境目がなくなっていった。もうどこにも逃げることはできなかった。

「ごえっ」と唸るような声と一緒に、思い切り土を吐き出した。何度も何度も夢中で吐き出すと、口に含んでいたカンロ飴が一緒に飛び出した。琥珀色の飴に黒い土がつき、午前中に学校の図書室の図鑑で見た月にとてもよく似ていた。

振り返ると、そこにはもう鳩はいなかった。

ド

「ドーナツ」

子どもの頃、笑うとえくぼが出るのが不思議でたまらなく、笑いながら口の中に指を突っ込んで内側から触ってみたことがある。すると笑わなければ全体的に柔らかくふんわりとしている頬の肉が、笑った途端にドーナツ状に筋肉が固まり、そのせいでぽっかりと穴が出現することにとても驚いた。舌先で頬の内側をなぞってみると、笑っていないときでもふにゃりとへこむ穴が隠されていることがわかった。それ以来舌先で穴を確認するのが癖になった。それはいつ出番が来てもいいように、本音をひっそりとしまっておくための秘密の穴のようだった。

小学3年生の夏休みに、母がドーナツを買ってきた。

誕生日やクリスマスにケーキを買ってくることはあっても、普段のなんでもない日にそういったデザート、特にドーナツを買ってくることは滅多になく（今思えば後にも先にもこのときだけだった)、突然のご褒美に私も姉も大喜びした。

シュガーパウダーがかかった不二家のシンプルなドーナツで、長方形の箱の中でお行儀よく一列に並んでいる姿は、それだけでいつものお茶の間の風景が華やいで見えた。

ドーナツのほかにもその日のお昼ご飯としてそうめんが出された。

「きっとドーナツはデザートだろうから、まずはそうめんを食べなきゃ……」と思い、目はドーナツに釘づけのまま、姉も私もモゴモゴとそうめんをすすっていた。

「いいよ。ドーナツ食べても」

姉妹の心を見透かしたように母が言った。しんとした優しい声だった。

私も姉も嬉しさが隠しきれず、握りしめていた箸をバチンと置いて、すぐにドーナツにかぶりついた。シュガーパウダーが舌の上で溶け、ふんわりした生地は心もとないほど柔らかかった。なんて美味しいんだろう。本当はそうめんを食べてからじゃないといけないのに、いきなりドーナツを食べているということも美味しさを倍増させていた。私も姉もあっという間にたいらげ、二つ目のドーナツに手を伸ばそうとしたとき、姉が言った。

「パパとおばあちゃんの分、とっておくよね?」

そういえば朝から父と祖母がいないことに気がついた。

その日はちょうどお盆で、共働きの両親が二人揃って休みが取れる貴重な日だった。とても天気が良く、父は祖母を連れてどこかにドライブに出掛けていた。

外はとても暑そうだった。部屋には強く白い陽が射し込み、ピアノの上の埃が眩しそうに光っていた。そうめんの器の氷はもうほとんど溶けていた。扇風機の首がブーンと回り、母の髪の毛を揺らした。

「いいや。とっておかなくていい。好きなだけ食べなさい」

しんとした優しい声に、わずかだが強さが加わった。静かな泉の底に龍が眠っているような、見えない意志がはっきりと伝わってきた。

舌先で頬を確認すると、やはりそこには秘密の穴があった。苛立ちも寂しさも、いつも柔らかく本音をしまってくれる。母と姉はどこに秘密の穴を隠しているのだろう。本音をそっとしまい、閉じ込めておく穴を。

3人でドーナツに手を伸ばした。

ニヤリと笑った母は、まるで三姉妹の長女のようだった。

アイ

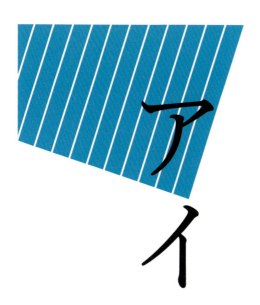

哀1「英語」

英語が苦手です。あらゆる手を尽くしました。高い教材。英会話教室。毎日5分コツコツと問題を解き、単語を覚え、文法も暗記。私はこう思うのです。持って生まれた運動神経の良い人がいて、こちらは万全のトレーニングでその人とかけっこ競争をしたとしても、天性の運動神経、いやセンス、いや才能には太刀打ちできないと。言い換えれば、自分自身にそのセンスがない場合、よほど「好きで好きでたまらんのです」というワクワクした気持ちがない限り、努力することを続けられないんじゃないかと。そう、もうお気づきでしょうが、これは言い訳です。

以前出版した『蝶の粉』（ミルブックス）の「ラブレター」の章でも書いていますが、インドのロケ中に「いつチェックアウトですか」と英語で聞かれ「明後日です」と答えようとし「デイ・アフター・トゥモロー」と言うのを間違えて「トゥモロー・ネバー・ダイ

（明日は必ずやって来る）」と言ってしまったことがありました。追記すると、そのときなぜだか自信たっぷりに、「トゥモロー」の「ロー」を思い切り舌に力を込めて「ルォォ～」と言い、「ダイ」を「ザイ」とクセの強いミュージシャンのように言ってしまいました。あぁ、恥ずかしい。

恥ずかしさは人をやる気にさせますね。毎日コツコツ勉強を始めたのはそれがきっかけでした。日本に帰ってからすぐ中学生用の英語のテキストを買い、毎日一つ文法を覚え、例文を繰り返し聴きました。それで「～が欲しいです」と伝えるときの丁寧な言い方は、「アイドゥライク・トゥ」だと覚えました。

その後ニューヨークにロケに行ったときのこと。早く目が覚めて一人で朝食をとっていました。ふくよかな体型の黒人のウエイトレスさんがやってきてコーヒーを注いでくれました。「そうだ！　覚えたてのアイドゥライク・トゥを使ってオムレツを注文してみよう！」と閃きました。

私「エクスキューズミー（すいません）」ドキドキ。

店員さん「イエス？（はい、なんでしょう）」

私「ウッジュー・ライク・オムレッツ？（オムレツはいかがですか？）」

店員さん「……（2秒ほど沈黙してから）ウイズチーズ？（チーズも入れる？）」

私「！（通じた！）オフコース！　シュア！　チーズプリーズ！　センキュー！（もちろんです！　チーズ入りでお願いします！　ありがとう！）」

チーズオムレツは美味しかったのですが彼女の2秒の沈黙が気になり、部屋に戻ってからすぐテキストで確認をしました。膝から崩れ落ちました。

あのときの店員さん、とてもまつ毛が長くて美しかったなぁ。優しい心と、チーズオムレツありがとね。とほほ。

父がよく言う英語は「Hunger is the best sauce!」です（笑）

哀2　「ふるさと」

予期せぬときに包まれる感情があります。空を見上げると美しい夕焼けだったとき。道端に咲いているタンポポを見つけたとき。子どもの手のひらが湿っていたとき。味噌汁の椀にへばりついたワカメを見たとき。

そんなふとした瞬間、ほんの一瞬ですがノスタルジックな感覚に覆われ、自分の中の深い部分にホクロのように染みついている懐かしい記憶を思い起こします。それは哀愁に満ち、幸福かと言えば幸福であるような気もするし、ひそやかに苛立ちを噛みしめているような気もします。青く、青く、どこまでも青い。そして確かなことは、もうその頃には戻れないということ。

以前「かたりとしらべ」という絵本の朗読会で、作曲家・ギタリストの伊藤ゴローさんと一緒に岡山県の長島を訪ねました。それまで私は長島というところが、かつてハンセン病の療養施設として島全体が社会から隔離されていたという事実を知りませんでした。そして今でもハンセン病の後遺症が残る患者さんたちが暮らしているということも。

河瀬直美監督の映画『あん』を観て、樹木希林さん演じる徳江さんが、ハンセン病患者であったために子どもを授かりながらも産むことができなかったことを打ち明けるシーンがあります。映画の中では、小豆を茹でる湯気で残酷さをそっと包み込むように穏やかなトーンで描かれていましたが、その後長島にある歴史館を訪れたとき、病気に対する偏見から子孫を残すことが許されなかったことや、療養施設に来るということは「二度とふるさとには帰れない」という当時の社会的背景も知りました。

「もしアンコールが起こったら、何か歌おう」となり、スタッフから『ふるさと』が挙がりました。この歌を歌って良いものか迷いましたが、心のふるさとは誰にも奪うことはできないという想いから、みんなで歌うことに決めました。

朗読会には車椅子でたくさんの方が来てくれました。

あのときの景色は一生忘れない。アンコールが起こり、みんなでゴローさんのギターに合わせてふるさとを歌ったとき、思いのほか大合唱となり、会場が温かい空気に包まれたこと。その中で、泣いている方がいたこと。そして、最後の挨拶をしてステージから去るとき、車椅子から立ち上がり大きな声で「ありがとう！」と言ってくださった方がいたこと。一生忘れたくない、忘れられない、私の新たな「ふるさと」の記憶になりました。素晴らしい時間と、そして大切な記憶を、こちらこそありがとうございます。

あと15年ほどで島に暮らす人々がいなくなります。それは語り継ぐ人がいなくなるということ。美しい海。豊かな緑。歴史ある建造物。そして閉ざされていたからこそ、母の胎内にいるかのようなノスタルジックな不思議な空気。

長島は今、世界遺産登録に向けて活動しています。

作曲家・ギタリストの伊藤ゴローさんと。
「ふるさと」をみんなで歌ったとき。

哀3　「小さなひと」

こんなに小さかったのか、と思います。息子の赤ちゃんの頃の服を手に取るたびに。頼りなさげな肩、手のひらほどの背中、心もとない細い二の腕。小さな布をそっと抱き上げてみると、あの頃の息子が私に微笑みかけてきます。

あぁ、そうだった。全てを許してしまう柔らかなほっぺに、台風の日に生まれた証しの、おでこのつむじ。夏のトマトのような喜びが詰まっている、瑞々しいお尻。そうだった、こんなにも儚かったのだと絶望にも似た愛おしさが込み上げてきて、胸がぎゅっと締めつけられます。なんて小さなひとだったのか、と。

子どもはよく泣くものだとは言いますが、本当によく泣く子でした。

昼夜問わず耳をつん裂くような泣き声を聞き続けていると、自分を責められているような感覚に囚われ、これが一生続くように感じていました。可愛くてたまらないのに、ストレスの対象となってしまうこと。私の時間を、自由を、意欲を奪う小さなひと。その小さなひとの命をつなげることが当たり前の自分の任務だという絶対的な責任。プレッシャー。長い長いトンネルの中を彷徨いながら、ワンワンと響き渡る波動にビクビクと震え、早くこの時間が過ぎればいいと感じていた日々。心が悲鳴を上げそうなときは、小さなひとをしっかり抱きしめました。小さなひとはとても温かく、脆く、必死で何かを訴え、まるで自分の弱さそのもののようでした。

あれは息子が生後10か月の頃でした。ロンパースによだれかけのスタイルで、つかまり立ちをしながら目に入る引き出しを全部開け、中身を出し、延々と終わらない探検を繰り広げていました。私は「今日の晩ご飯どうしよう……」と、ぼんやりする頭で考えていました。ロンパースからはむちむちの脚が出ていて、ミシュランのキャラクターのようでした。そろそろ抱っこしてほしくて顔を歪める息子。まだ身体を休めていたい私。じっと見つめ合いながら、お互いの気持ちを伝え合い、あぁ、そろそろ泣きだすかな、と思った瞬間でした。息子がまっすぐに私を見つめたまま、ゆっくりと、右脚をわずかに前に出しました。

「え!? 今歩いた! すごい! 歩いた!」興奮する私に驚き、ついに泣きだす息子。抱きしめる私。

「ナオ、素晴らしい誕生日プレゼントだね」旦那が嬉しそうに言いました。

そうだ、忘れていた。今日は私の誕生日だったんだ……。長くて暗いトンネルの中で見つけた、小さな灯りのような、成長という名の希望。ぼんやりした頭の霧が晴れる瞬間。最高のプレゼントを、ありがとう。

何かの本で読んだことを今思い出しました。かつて「かなし」という言葉は、「哀し」のほかに、「愛し」と書くこともあったんだそう。

あ！　げんこうはんたいほっ！

哀4 「髪の毛問題」

おでこの生え際にですね、生まれつきつむじがあるのですよ、ええ。それがなんだと言われるとそこまでなんですがね、こちらはもう毎日必死なわけですよ。なんせ、絵本に出てくる桃太郎のようにパッカーンと勢いよく真っ二つに前髪が必ず分かれちゃって、しかもそのつむじがハゲに見えるんですね。いや、笑い事じゃないですよ。だってね、そのつむじのせいでモーゼの十戒のようにそこからパッカーンと髪の分け目が決まってしまうんですよ。これ、どういうことかわかります？　もう、エブリディ、エブリタイム、同じ分け目になるってことなんですよ、ええ。

これはモデルの仕事で初めてのヘアメイクさんにやっていただくとき、私のおでこの生え際のつむじがいかに手強いか、どんなにスプレーやジェルを使ってもただ髪の毛がベタベタ固まるだけでさらに扱いにくくなる、まさに泥沼でもがくようだとやんわり説明し、よって「やりにくくてほんとごめんなさい」とお伝えするときの心境です。

しかもこのつむじのせいで48年間ずっと同じ分け目で過ごしてきた結果、頭頂部が明らかに薄くなってきました。ガーン。

でも落ち込んでいてもつむじは変わらないし、薄毛は進んでいく……。よし、こうなったら、つむじはもうチャームポイントとして受け入れて、せめて頭頂部の薄毛対策をしてみようと決意しました。

同じく薄毛に悩む女友達や美容師さんから情報を教えてもらうと、まずは無理やりでもいいから分け目を変えること。そしてなんと言っても頭皮。ふくよかな土壌があってこその、豊かな実りなんだそう。そこで基本のキなのですが、ドライヤーできちんと髪の毛を乾かすことにしました。ん？　当たり前？　ですねよぇ。いやはや、ワタクシ恥ずかしながら、高校生以来ずっと自然乾燥で暮らしていたんです。（だからこそ海外ロケでドライヤーがなくてもなんの不便も感じなかった……、というのは言い訳ですかね）

そして心と時間に余裕があるときは、ホホバオイルで頭皮マッサージをして汚れを浮かせてからシャンプーをするように。さらに、シャンプーの泡をつけたまま湯船に浸かり、電動マッサージ器でウィンウィンと頭皮をもみほぐす生活をかれこれ2年ほど続けております。

肝心の効果はと聞かれると、ん〜、感覚としてはあまり変わらないかも。ドバッと生えることもないし、ドサッと抜けることもない。でも、何もしない2年間と、何かしら労ってきた2年間では、薄毛の進行の速度も違うのかもしれませんね。

受け入れるも良し、抗うも良し。きっと一番嫌だったことは、卑屈な気持ちになっていたことだったのかもしれません。

頭皮ケアの三種の神器。
ブラシとホホバオイルと頭皮マッサージ器。

哀5　「正論ハラスメント」

「正論ハラスメント」という言葉を初めて聞いたとき、ドキッとしました。自分もそうしているんじゃないかと思ったからです。正論を振りかざし、相手を追いつめていたのではないか、と。

正論そのものが悪いことだとは思いません。ＮＨＫ連続テレビ小説『虎に翼』で、松山ケンイチさん演じる桂場さんのセリフが胸に刺さりました。

「正論は、見栄や詭弁が混じっていてはだめだ。純度が高ければ高いほど威力を発揮する」（第54話『女子と小人は養い難し？』）

家庭裁判所をつくるにあたって大人たちが力の保持や我の押しつけでそれぞれの正論をぶつけ合う中、学生たちがとことん弱者に寄り添った意見を言います。自分を大きく見せようという見栄もなく、曖昧さをごまかすための詭弁でもなく、みんなが幸せに暮らせるためにはどうしたらいいだろうという、ぐうの音も出ないほどの純粋な気持ちが伝わってくる正論に大人たちの心が溶けていく、とても印象的なシーンでした。

最近「正論」に関していろいろ考えているうちに、これはきちんと謝ろうと思ったことがあります。

息子が洗濯バサミでベルトを作り、とても気に入って、数か月間どこに行くにも身につけていました。それがある日、外出先のどこかでどうやらなくしてしまったようなのです。家に帰りなくしてしまったことに気がつき、ガーンとなっている息子にかけた第一声が、「なんでちゃんと管理しないの!? もう!」でした。

私もとてもショックでした。残念で悲しかったのです。その「ショック」が咄嗟に口から出てしまったのは「自分事のように親身になっているから」と考えればそれも一つの愛情表現かもしれません。人間らしいとも思えます。しかしそれはあくまでも私の目線であり、私の正論です。

相手の立場に立ってみたら?

もう十分にショックを受け、自分の不甲斐なさに傷つき、ダラダラ血を流している状態のところに、さらにナイフで刺されたようなものです。こちらの正論で相手をさらにえぐったことには間違いありません。

因果応報はあると信じています。自分の行いに対していつか必ず自分の番が来る。しかし回収もできるんじゃないかと思うのです。〈ごめんなさい〉や〈ありがとう〉は、回収する唯一の方法だとも思っています。

息子に謝り、一緒に悲しみました。「身代わりになってくれたのかもしれないね」と話し、それでも落ち込む息子を抱きしめました。

正論ハラスメントにならないようにするには、相手の立場になってみる想像力を持つこと。そのためには我を一旦そっと後ろに隠してみることかもしれません。我はなくならないし、我こそが人間らしさの賜物とも感じます。しかし「私はこういう人間なので」を一旦そっと後ろに追いやって、隠してみるのです。相手が傷ついているときはなおさらのこと。もし隠せず相手をえぐってしまったら、きちんと回収すること。

私は、負けられる人間でありたいです。

いいぞいいぞその調子！

哀6　「同情」

怒りの沸点が低く、すぐにカチンときて、とても人に気を遣わせる。うまく隠そうとすればするほど大袈裟な明るさになり、のっぺりとした笑顔を貼りつけながら「要するにこういうことでしょ」「あなただってそうだよね」と会話の先々に立ち塞がり門番となりたがる。扉の鍵を握るのは自分でなければ気が済まない。そしてこの時点で既に怒りの沸点に到達していることに、自分だけが気がついていない。

これは私のことです。

正確に言えば昔の私のことを思い返すとこういう人だったなと、過去の自分に対して恥ずかしい気持ちになります。今だって特に良い人間かどうかはわからないけれど、会話の盾と矛でガンガンとぶった斬って勝ち誇った気分になっていたときよりは、ちょっぴりマシになったのではと思いたいのです。

マシになったと仮定して、あの頃の自分に対して思う感情は「哀れだなぁ」です。この、「だなぁ」がポイントです。「なんと哀れなことか」と悲壮感たっぷりに打ちひしがれるというよりは、まるで幼子に苦笑いするような感覚です。それは同情に似ているかもしれません。

これは私の個人的な考えですが、同情には二種類あると思っています。

一つは相手に共感している場合。

もう一つは相手に哀れみを感じている場合。

前者の共感同情の特徴は、「私は今あなたに同情している」ということを相手に伝えられるということ。例えば家族が足の小指をぶつけて「うぅ、痛い……」となっているとき、「わかるよ〜。痛いよねぇ。かわいそうに……」という具合です。

それに対し後者の哀れみ同情は、相手に同情していることを伝えにくい。

「そっか。今またカチンときちゃったんだね。苦しそうだね。かわいそうに……」とは言いにくい。こちらは純粋な同情のつもりでも、相手にしたら嫌みにしか聞こえないのではと思うからです。そうなれば伝えたところで火に油。そっと会話のリングから降りるのが、哀れみ同情の最善策かもしれません。

相手から哀れみ同情をされないためには、冒頭で書いたような態度を取らないことだと思います。怒りの沸点が低く、すぐにカチンときて、人に気を遣わせる。ということを。

よく「自分で自分の機嫌をとる」「ご機嫌でいられる方法」などと耳にしますが、もっとハードルを下げてもいいと思いませんか？　いつでもニコニコハッピーで過ごせるに越したことはありませんが、ご機嫌でいなきゃプレッシャーで自分を締めつけることはない。深呼吸して、せめて不機嫌にならなければそれで十分。

それだけで、哀れな空気は消えると思うのです。

29歳くらい。当時気に入っていたアニエスベーの帽子を被り、
旦那と近所のお花見へ。

哀7 「物忘れ」

またやってしまった……。まだ新しいのが2個もあるのに、またケチャップを買ってしまった。あ、卵もまだ1パックあったのか！　う、うぐぅ。またオムライスにするか……。

忘れ物と物忘れが激しいことは今に始まったことではないですが、最近さらに頭の中の消しゴムが高性能になってきました。後でやろう、後で読もう、後で買おうと出しっぱなしにしている記憶のカケラが、部屋のあちこちに点在している始末。

特に年齢を感じるのは、人の名前を忘れてしまうこと。「あのドラマに出ていたあの俳優さん、ほら、名前なんだっけ」と、顔は浮かぶのに名前が出てこないというなんとも気持ちの悪い経験は、きっとみなさんにもあるかと思います。

困ってしまうのが仕事場です。誰だっけなぁ、名前なんだっけなぁ、と悶々としつつコミュニュケーションを取り、別の誰かがその人の名前を呼んでくれないかと念じる日々。おんが！　おそらくこれも私だけではないはず。そうだよね？　そうだと言って（笑）。お互い念じ合っていると思えば、それはそれで親近感が湧きます。

まだ息子が公園遊び真っ盛りのときの話です。息子の同級生のお母さんにばったり会ったので挨拶しました。

「こんにちは。阿部です。この前の学校公開、みんな可愛かったですねぇ」

「あ、こんにちは。そうですねぇ。みんなチラチラ後ろを振り返って、ほんと可愛かったですね」

私たちは先日の授業参観の教室で初めて会ったのでした。子どもたちがみんな一生懸命で可愛らしかったこと、先生の声かけの仕方が素晴らしかったことなどでひとしきり盛り上がった後に、私が言いました。

「◯◯ちゃん（そのお友達の名前）、堂々と手を挙げて発言して、立派でしたねぇ」

「え？　あ、あの、誰でしたっけ？　まだクラスの子の名前よくわからなくて」

「え？　お子さんのお名前、◯◯ちゃんじゃなかったでしたっけ？　あれ？　△△さんですよね?」私は焦りました。

「あ、いいえ。私は□□です……。(苦笑い)」

そうです。人違いでした。しかも、違う学校でした。そのお母さんは「この人誰だっけ。知らないなぁ。でもこんなに堂々と話しかけてくるのだからきっと子どもの同級生に違いない」と、一生懸命対応してくれたのですね。かたじけない。

ついでにもう一つ。ある日飲み会の約束があり少し早めに着きそうだなと思いながら歩いていたら、向こうからその日約束していた女友達がこちらにやってきました。嬉しくなって手をブンブン振ると、彼女もブンブンと振り返してくれました。距離がだんだん近づいてお互いの顔を見たとき、「あっ!」と二人とも声が出ました。もうおわかりですね。そう、人違いだったのです。そして二人とも笑いながら「すいません~。間違えました」「いえいえ、私もです~」と、そのまま通り過ぎていきました。なんならその彼女と飲みに行きたいくらいの親近感だったわぁ。

あれ。テーマ、「人違い」じゃなく「物忘れ」でしたね。やれやれ、また忘れてました(笑)。

オムライス、できたよ〜♡

藍

「藍色」

子どもの頃熱を出したとき、よく変な夢を見た。

暗闇にチカチカ光る星。点滅のたびに黒が黒を塗り替え、漆黒になっていく。目の奥がズキズキと痛む。息苦しい。前後も上下もわからない。まるで宙に浮いているようだ。どんどん暗闇が全身に覆いかぶさってきて、すっぽり吸い込まれたその先は、藍色。そこは明るいような気もするし、真の闇のような気もする。

大人になってからはもうこの夢は見なくなったが、一度だけ実体験として味わったことがある。

仕事でタヒチを訪れ、ダイビングをしたときのこと。

まずは肩慣らしにと、テストダイブすることになった。耳抜きをし、ゆっくりと潜っていく。空がそのまま落ちたように透明度が高く、海の中まで陽の光がよく届き、色とりどりの珊瑚や魚たちがきらめく光景はまさに竜宮城だった。

徐々に地形が変わっていき、深さが増していく。そのとき、遥か下の方にぼんやりと鯨の影が見えた。

「あ！　鯨だ！」と思ったときには、もう吸い込まれるように下へ下へと潜っていった。これはダイバーとしては絶対にやってはいけないことだ。グループから外れて勝手な行動をするのはもちろんのこと、急降下や急浮上は命に関わる危険行為だった。しかし理性がまるごと抜け落ちてしまったように、動く脚を止められなかった。こんなことは初めてだった。それはまるで何かに手招きされているようだった。

鮮やかなブルーの世界が消え、濃紺になる。サッと水温が変わる。暗い。寒い。冬の夜空を飛んでいるようだ。鯨はどんどん小さくなる。そして漆黒の鯨のシルエットがぼんやりと海底に溶けていく瞬間だった。

周りの景色が藍色に変わった。

とても濃い、真の闇のようなインディゴブルー。手でつかめるものは何もなく、ただひたすらに広がる藍色の世界が全身に覆いかぶさる。上下も前後もわからなくなり、まるで宙に浮いているようだ。細胞がひれ伏すような、圧倒的な畏怖の念。藍色の世界。そこは優しいような気もするし、絶望のような気もする。

「死にたいのか！」と大目玉を喰らったのは言うまでもない。あの瞬間スタッフが鳴らした音の合図で我に返り浮上を始めたのだ。減圧症にならなかったのは、きちんとゆっくり浮上することを徹底的に管理してくれたスタッフのおかげだった。心から謝罪をして、猛省した。

あれから藍色の世界は夢でも現実でも見ていない。しかしいつでもどこかに存在していて、今でもそっとこちらを見ているような気がしている。

eye「瞳」

以前女性誌の撮影でメイクアップアーティストの方に、突然「アイください」と言われ戸惑ってしまったことがある。

愛？　え？　と思いまごまごしていると、今度は「アイ、ください」と言いながら私の瞳の前にスッと指を出しクイクイと合図を送ってくれて、やっと「目線」のことだとわかった。ちょうどアイメイクをしているときで、アイシャドウやアイラインの加減を見るために目線をまっすぐにしてほしいということだった。すぐにわからなかったことが恥ずかしかったのと、愛をくださいと言われたようで照れてしまったのがごちゃ混ぜになり、終始ドギマギしてしまった。

そのことをモデル仲間のMに話すと、「わかるわかる。最初はびっくりするよね」と、困ったように眉毛を下げながら優しく微笑んでくれた。

いつも彼女はそうだ。相手のことを否定せず、まずは優しく眉毛を下げ、全てを受け入れてくれる。そのときの彼女の目はとても慈愛に満ちていて、その大きな瞳に見つめられると良質な効能の温泉に浸かっているような満ち足りた気分になる。そしてひび割れた心の中の隅々にまで滋養が染み渡り、カッコ悪くてダサい自分のことがなんとなくチャーミングにさえ思えてくる。

彼女とはもうずいぶん長い付き合いになる。

東京が全ての答えだと信じていた10代の頃に出会い、仕事の楽しさと苦しさの配分を徐々に自分で決められるようになってきた20代。そして「生き甲斐です」ではなく「これしかできない」とわかってしまう30代。仕事の先の、もっと思慮深い幸福を感じられるようになる40代。それぞれのここぞという変化の瞬間をともに過ごしてきた大切な人だ。

今でも自分の目に映る景色が自分の醜さに支配されているとき、私は彼女の滋養が必要になる。

ものごとはそれ以上でもそれ以下でもないのに、理由や正義をぺたりぺたりと貼って前が見えなくなったとき、私は彼女に話を聞いてもらい、懺悔をするようにぽつりぽつりと痛みを手放していく。彼女は相変わらず否定することもなく、醜さを非難することもなく、時には私の弱さを静かにノックし、ともに悩み、怒り、泣いてくれる。彼女の長いまつ毛がふさりと揺れて、「大丈夫だよ」と心をなでる。

人生でこういう関係が築ける人に出会えたことは、それだけで「良い人生だった」と言ってもいいかもしれない。たった一人でもそう思える人がいるだけで、心が軽く、温かくなる気がする。

そして私も、彼女にとって、誰かにとって、そういう人でありたいと願う。

ラク

楽1 「ギター」

ギターを始めました。クラシックギターです。まだ全然うまく弾けませんが久しぶりの楽器にワクワクしています。

子どもの頃にピアノを習っていて、毎日練習をしていました。好きかと聞かれると特に好きでも嫌いでもなかったような気がしますが、3歳から習い始めたその生活習慣は日常の一部となり、歯を磨くような当たり前の感覚でピアノを弾いていました。それはもはや天気と同じ。晴れている日もあれば、雨が降っている日もある。同じ行為を繰り返すことで、その日そのときの自分の心の天気が確認できていたような気がします。

あの頃は時間がたくさんありました。きちんと暇を持て余し、日なたの暖かさに誰かを許せたり、わらじ虫の死骸に風の冷たさを感じたりしました。ポロン、ポロンと鍵盤を叩きながら、虚無感や焦燥感の匂いに驚き、未知数であることの不安と期待に胸を高鳴らせていました。あの頃「趣味はなんですか？」と聞かれると「ピアノを弾くことです」とすぐに答えられていたのは、ピアノという媒介を通してきちんと何かを感じ取っていたからだと思います。弾きたい曲ばかりダラダラと弾いていたけれど、ただの受け身ではなく、自分なりに世界を測る物差しを形成する作業が内側でできていたのだと思います。

19歳で上京してからは、仕事が趣味のようなところがありました。しかし「趣味はなんですか」と聞かれても「仕事です」とはなんだか言いにくく、なんとなく読書や映画鑑賞だと答えてお茶を濁していました。なぜ「仕事です」と言いにくかったのかと考えれば、そんなに売れっ子でもないのにカッコつけてると思われるんじゃないかと自意識過剰だったのかもしれません。ただ来月の家賃が払えるかいつも不安だったので、自ら休みを入れることなく黙々と働いていたことは事実です。無我夢中だった、と言ってもいいかもしれません。そしてそれはあの頃の自分にとって必要な経験だった、と今なら思います。

話をギターに戻しましょう。最初はドレミファソラシドの場所やコードの押さえ方を覚えようと思い練習を始めましたが、ちっとも楽しくない。教科書通りに淡々と作業を進めていくことが苦手だと、この歳になって再確認できました。そういえばピアノを習い始めたときも、目で楽譜を解読して弾くよりも、姉が弾いていた同じ楽譜のメロディを耳で覚えて弾くことの方が得意だったと思い出しました。そうだったそうだった。そんなことも忘れていました。今は弾いてみたい曲をいきなり練習して、四苦八苦を楽しんでいます。

さて、あなたの趣味はなんですか。

まだまだ上手く弾けませんが、コツコツ続けてます。

楽2　「太めパンツ」

40代後半になり、ますます洋服の好みがはっきりしてきました。

スカートは穿かない（ワンピースは別）、脚は出さない、Vネックより丸首が好きなどいろいろありますが、若い頃と決定的に違うのが、「ピチピチしたものは着ない」ということです。

昔大流行りしたピチピチのスキニーデニム、私も何本か持っていましたが、あんな骨盤が砕けそうなほどキツいものをよく毎日穿いていたなぁと、今では他人事のように感じます。あの頃はモデル撮影でもよくスキニーデニムが登場し、一人で穿けないほどキツいものはスタイリストさんに両側からグッとつかんでボタンを寄せてもらい、息を止め、なんとかファスナーを上げていました。（余談ですが、モデル仲間の間で「キラーデニム」と呼んでいたこともありました。おお、こわ。笑）

あれから歳をとり、体型も変わり、好みも変わり、何度も断捨離とアップデートを繰り返してきた今の私のクローゼットは、見事なまでの太めパンツ一色。

私的夏の制服の「ヂェン先生の日常着」のバルーンパンツや、昔懐かしいボンタンシルエットがなぜか垢抜けて見える「カレンソロジー」のカービーデニムなどはたたんで引き出し収納に。「シンゾーン」のスラックスパンツや、肉厚なウールパンツ、シワになりそうなリネンのものなどはMAWAのパンツ用のハンガーに吊るしてクローゼットに収納しています。

実はこれを書いている今日も、ぐるりとクローゼットを見回し数本の太めパンツを手放すことに決めました。というのも、太めは太めでも、最近「さらに身体が楽チンなもの」にしか手が伸びなくなってきて、ウエストがゴムのものや紐で調整できるもの、もしくは腰回りがゆったりしているものしか穿かないことに気がついたから。いつか穿くだろうと思って数年穿いていないということは、今は穿かなくても生活できているということだよなぁ、と。

楽チンさは、痛みからの解放でもありました。私は超胃下垂なので、飲んだり食べたりするとおへその下がぽっこりと膨らみ、その状態で長い時間椅子に座っているとウエスト部分がキュッと胃に食い込み、締めつけられてキリキリとお腹が痛くなってしまうのです。これも若い頃は「お洒落は我慢だ」とやり過ごしていましたが、もう我慢より心地よさと仲良くすることに決めました。いや、「我慢しなくてもお洒落」と言う方がウキウキするかな。こう書いてみると、クローゼットは「自分のトリセツ」ですね。

　これからさらに年齢を重ねて、どんな太めパンツに出合えるのか、再びスカート時代が到来するのか、未来のクローゼットが楽しみです。

色で揃えてグラデーションになるように並べています。

楽3 「怖い話」

小さい頃から怖い話が大好きです。

『あなたの知らない世界』、『ゲゲゲの鬼太郎』、『恐怖新聞』。初めて自分から観に行きたいと親におねだりした映画は『バタリアン』でした。（私と同じくホラー好きの父が連れていってくれました）

偶然ですが私の旦那も怖い話が大好き。いや、趣味が合うから縁がつながったと言ってもいいのかな。出会ってすぐにホラー話で盛り上がり、私が子どもの頃から集めてきた伊藤潤二さんや御茶漬海苔さんの漫画を教え、旦那はゾンビ映画の原点『ゾンビ』や、当時世間を騒がせた口裂け女がどれだけ恐怖でワクワクしたかなど実体験を教えてくれました。今でも息子が学校に行っている間に、夫婦でホラー映画を観るのが定番の楽しみです。（ちなみに息子も怖い話や超常現象が大好き）

最近とても素晴らしいホラー映画を観ました。『ア・ゴースト・ストーリー』というアメリカの映画なのですが、これはもはやホラーではない。なんのジャンルなのかもわからないほど、とにかく良かった。

妻と二人暮らしをしていた男性がある日交通事故で亡くなり白いシーツを被ったゴーストになるのですが、ほとんど台詞はなく、どのシーンにも静けさが漂い、昔ながらの突然驚かす手法の恐怖は一切ありませんでした。そもそもこの映画には恐怖は描かれておらず、粛々と営まれてきた宇宙の摂理や、人間も粒子にしか過ぎないという思慮深さが、たった一人のゴーストの物語から厳かに伝わってきました。

この映画を観て思い出した本が『死は存在しない～最先端量子科学が示す新たな仮説～』(田坂広志著／光文社）です。工学博士の田坂さんは霊感があるわけでもなく、スピリチュアルなものも特に信じていないそうなのですが、説明の仕様のない偶然の一致や虫の知らせなどが人生に何度も起こり、一体どういうことなのかと、科学者の視点から紐解いていくという内容で本当に面白かった。

その本の中で田坂さんが「ゼロ・ポイント・フィールド」と表現しているものがありま

す。詳しくはぜひ本を読んでほしいのですが、この「ゼロ・ポイント・フィールド」の考え方を知ってから、今まで怖いと思っていた幽霊や超常現象の正体を答え合わせしたようで、視界がパッと開いた感じがしました。なんと言うか、この世界をより理解し、より楽しむためのマニュアルを手に入れたような感覚です。楽しむと言うと少し語弊があるかもしれません。時には誰かを許す方法だったり、時には感謝の種の見つけ方だったり。それはきっと、「楽になる方法」なのかもしれません。

最後にどうでもいい情報を一つ。私も旦那も息子もこんなに怖い話や超常現象が大好きですが、家族揃ってお化け屋敷は苦手です（笑）。

仲間が見守ってくれたら夜のトイレも怖くないね。

楽4 「本を読むこと」

小さい頃から、いつも平均を探しているように思います。この場合は笑うのか、怒るのか、どんな受け答えをすれば恥をかかないのか。

自分というものがどこにあるのかわからず、うすらぼんやりとした煙の中を透明人間のようにゆらゆら漂い、小さなフックに力を込め、わずかに引っかかっている社会を手放さぬよう、いつも平均を探しているように思います。

本を読んでいるとき、その平均のヒントが隠されているようで、とぷとぷと本の海に潜れば潜るほど、煙が晴れていくように感じます。

いつもそこには、そのときの自分にとって、必要な言葉が待ってくれています。

ゆっくりと咀嚼《そしゃく》して、少しずつ血肉にしていきます。

その中には拾い忘れてしまった貝殻も、こぼれ落ちていった五月雨も、見て見ぬ振りをしてきた夕焼けも、感じ取ることができます。

そうしていくうちに、透明人間にぼんやりと輪郭が現れ、色がつき、なくしたものの大きさに戸惑い、悲しい匂いを発して、それでもなお、自分に触れることができたことに安堵するでしょう。

そして最も大事なことは、物語の内容自体ではなく、その物語全体がまとう空気のようなものの中に、密やかに提示されています。

それは憧れにも似た、自分への答え。

こういう空気をまとえる人間になりたい。

こういう空気をまとうための、自分の平均を見つけたい。

透明人間の輪郭をどんなふうに形成したいのか、そっとヒントを手渡されたとき、小さな灯りが心にともります。
そして本を閉じ、ぺたぺたと、また歩きだすことができます。
それが私にとって、本を読むことです。

本棚は心のアルバムのようなものだと思うのです。

楽5　「夜中のゲボ」

ある日の夜中。寝ていたら背中にバンッと何かが当たる衝撃があり、目が覚めました。振り返ると息子も目をパチクリさせています。一瞬何が起こったのかわかりませんでしたが、息子の口元からゲボがしたたっているのを見て時が止まりました。オーマイガー……。息子がマーライオンのようにゲボを噴射し、私の背中に当たったのです。

「カズちゃん大変！　ゲボ！　ゲボした！　ゲボ！」

頭の中にはベートーヴェンの「ジャジャジャジャーン！　ジャジャジャジャーーン！」が鳴り響き、何度もゲボゲボと叫んで旦那を起こしました。

息子も、夜ご飯に食べた麻婆豆腐のゲボにまみれながらキョトンとしています。急いでゲボを洗ってあげないと！　私はゲボが噴射された自分のスウェットを洗面所に放り込み、キャミソール姿のまま息子を風呂場へ連れていき、パジャマを脱がして身体を洗いました。

「カズちゃん！　ゲボのついたパジャマ受け取って！　新しいパジャマ持ってきて！」

ジャ　ジャ　ジャ　ジャーーーン！！！

ジャ　ジャ　ジャ　ジャーーーーーーン！！！

寝室でゲボ処理をしていた旦那が慌てて息子のパジャマを持ってきました。すぐに息子に着せてリビングに移動し、熱を測りました。その間に旦那はシーツ交換をし、ゲボのついた服やリネン類の処理をして、なんとかその日は再び寝ることができました。

次の日病院で検査した結果、胃腸炎系の風邪菌が原因だということがわかりました。そんなに熱も高くなく吐き気以外は元気そうだったので、悪いものを全部出してしまえば大丈夫と言われ一安心しました。

2日後、もうだいぶ吐き気も収まり食欲も出てきたので、息子のリクエストの煮込みハンバーグを作りました。美味しい美味しいと言って食べてくれました。

その日の夜中。寝ていたらお腹にバンッと何かが当たる衝撃があり、目が覚めました。目を開けると息子も目をパチクリさせています。目の前にはドロリとゲボが広がっていました。

「カズちゃん、またゲボした！」

前回と同じです。しかし、今回はベートーヴェンではなく、ドリフターズのセット替えで流れる「チャッチャッチャッ　チャッチャラチャッチャッ」が頭に鳴り響きました。

私も旦那も自分のやるべきゲボ処理をこなし、もうお互い何も言わずともゲボのついた服を渡したり、新しいパジャマを受け取ったりしていました。

そして笑いながら、こう言いました。

「煮込みハンバーグのゲボと、麻婆豆腐のゲボ、どっちが嫌？（笑）」

チャッチャッチャッ
チャッチャラチャッチャッチャッ
チャッチャラチャッチャッチャッ
チャッチャラララッ
チャッ　チャラッチャチャチャ〜

私にうつり、1日吐き気に襲われていたら
息子が作ってくれました（笑）

楽6　「報酬」

先日モデル30周年を迎えました。嬉しいです。まさかこんなに長く仕事を続けられるだなんて。これもひとえに支えてくださったみなさま、ご縁のあったみなさまのおかげだと心から感謝しています。本当にありがとうございます。

30年頑張った記念に何か特別なものを買おうかと思いましたが、うーん、全く何も思いつかない。若い頃は目に入るもの全部欲しかったのに(笑)。これもひとえに順調に歳をとっている証しだなぁと、健康に産んでくれた親に感謝しています。本当にありがとね。

ということで、モデル30周年記念に両親を連れて温泉旅行に行ってきました。

その日は私の誕生日も兼ねていたこともあり、お祝いムード満載。よく考えたら自分の誕生日を親と過ごしたのも30年ぶりかもしれません。両親からのプレゼントは私が密かに欲しがっていた『千と千尋の神隠し』のＤＶＤ。さすが。嬉しすぎる。親の前ではいつだって子どもに戻ってしまいます。

両親とお酒を飲みながらいろいろなことを話していると、30年間の出来事が走馬灯のように思い出されます。

この人たちを心配させない人間になろうと決心して東京で暮らし始めたあの頃。右も左もわからなくて不安だらけだったけど、とにかく仕事は楽しくて仕方なかった。いや、今でも楽しくて仕方ありません。

楽しいと言うとなんだかパヤパヤと浮かれているようなイメージかもしれませんが、そうではなく、やりがいや感謝を感じられるということです。

もちろん苦行のように感じることもあります。

でも「苦」の感覚は点。点と点を結んで線にしたら方法が見え、さらに結んで面にしたら癖が見え、さらに結んで組み立てたら意味が見えます。その意味は自分だけの真実。どんな意味でも正解です。手放すことを選んだって、それは一つの正解だと思うのです。そして「対価に見合っているか」という物差しだけでは得られない報酬が必ずあるとも思っています。時間がかかるかもしれませんが、必ず良きタミングでその報酬を得ることができると信じています。お金ではない、経験という失うことのない報酬を。

東京に戻ってから、早速息子と『千と千尋の神隠し』を観ました。何度観てもやっぱり面白い。さすが名作です。千尋の、仕事に挑む姿勢がどんどん変わっていく様は、30年続けてきた自分への激励のようにも勝手に感じてしまいました。目が輝いていて、ご飯を美味しそうに食べ、とてもいい顔だった。

よし。私も感謝を忘れず、31年目も楽しんで。丁寧に。

これ以上ない報酬。ありがとうね。また行こうね。

楽7　「記録」

息子が生まれてしばらくの間、いつも机の上にはハーブティーと手帳とペンが置いてありました。授乳中はとても喉が渇くのでハーブティーはいつでもごくごく飲めるように。手帳とペンはその日の「ぱ」「う」「し」を記録するために。

私はありがたいことにおっぱいがよく出たので、粉ミルクをあげる機会がありませんでした。粉ミルクもあげようと思い用意していましたが、胸が張って痛いので吸ってもらい楽になっていたのです。胸は楽になりますが、母乳は粉ミルクに比べて腹持ちが悪い。2時間おきくらいに泣いて、そのたびにおっぱいを飲ませるというスパイラルにハマっていました。

「ぱ（おっぱい）」「う（うんち）」「し（おしっこ）」の記録は、その大変な時期を乗り越えた証し。

でも、今考えたら当時は大変だとはあまり感じていなかったなぁと、その「ぱ」「う」「し」を見て思います。寝てないせいか、ホルモンのせいか、現実であって現実ではないようなフワフワした感覚で、「ぱ」「う」「し」のはざまを漂っていたように思います。

息子の成長とともに「ぱ」「う」「し」の記録もいつの間にかなくなっていきました。その代わり家族の共通手帳として、そこにみんなのスケジュールを書き込むことになりました。私の仕事や美容室、旦那の飲み会、息子の習い事など一目瞭然で全体を把握できるので、家族がいつでも見られていつでも書き込めるよう、常に台所の脇のカウンターに置いてあります。最近では息子も「オイラのたんじょうび」と書き込んだり、あちこちに落書きをしたりしてそれもなんだか微笑ましい。

息子にはまだ内緒にしていますが、「オイラのたんじょうび」には毎年旦那と手紙を書いています。

どんな1年間だったか、どんな場所へ出かけたか、どんなことができるようになったか。そして新しい1年間も君らしく過ごしてほしいことを綴り、文字に託します。書いた後に夫婦で交換して読むのですが、毎年大体二人の内容が似ていることも面白い。それでもやはり、文字にして文章になると私は私の、旦那は旦那の魂みたいなものがそこに宿るようで、それぞれの温度を感じます。

封筒に入れて、封をして、切手を貼り、ポストへ投函します。「オイラのたんじょうび」の消印がつき、家に届きます。息子宛に届いた手紙は、もう息子でなければ開けることはできません。毎年届くこの手紙は、白いオーバルボックスの中にこっそりしまってあります。

いつか息子が大人になってこれを渡したとき、どんな顔をするのかとても楽しみ。そうだ、「ぱ」「う」「し」の手帳もここに入れておくことにしよう。

愛された記録が、愛された記憶になりますように。

私たちの元に来てくれて、本当にありがとう。

落

「ボウリングの球」

公園にボウリングの球が落ちていた。

黒く、重たく、丸く、指を入れる穴が３つ開いていて、まぎれもないボウリングの球だった。人目からそっと隠れるように公園の脇の茂みに落ちていた。

息子と息子の友だちが見つけ、キャッキャッと騒ぎだした。重たい重たいと言いながら、持ち上げたり転がしたりしていた。足の上に落とすと怪我をするからやめなさいと注意すると、名残惜しそうに元あった茂みに戻し、他の遊具で遊び始めた。

子どもたちを見守りながら、息子の友だちのお母さんと立ち話を始めた。しばらく経ち、話に夢中になっていると突然男の人が怒鳴って近づいてきた。

「あの子たちの親はあなたたちですか!?　あの子たちが道路の坂道でボウリングの球を転がして、僕の母に当たりそうになりました！　骨折でもしたらどうするんですか!?　今すぐ警察に行きましょう！　さあ！」と、ものすごい剣幕だった。

息子たちに聞くと、自分たち二人は触っておらず、別のもう一人のお友だちが球を公園の外に持ち出して道路で転がし、自分たちはそれを笑って見ていただけだと答えた。そしてその子は走って逃げてしまった、と。

「もしそれが本当だとしても、笑って見ていただけで止めなかったんだから、やったと同じこと。そして私たち親も目を離して悪かった。一緒に謝ろう。とりあえず、ボウリングの球もどうにかしないといけないから、そこの交番に行って相談してみよう」と、みんなで交番へ行った。お巡りさんが間に入ってくれて、親子で頭を下げ、相手の怒りもなんとか収まった。ボウリングの球はその交番に託した。

球を転がしたと思われるお友だちのお母さんにも連絡を取り、一連のことを伝えた。とても驚き謝ってくれた。「もはや事実はわからない。誰が本当に転がしたか犯人探しをするより、それぞれの我が子が言う真実を信じることにしよう」ということになり、改めてやんちゃ盛りの男の子たちをみんなで目を離さず見守っていこう、となった。そして怒鳴ってきた男性の家に、次の日みんなで菓子折りを持って挨拶に行くことにした。

呼び鈴を押すと昨日の男性が出てきた。昨日はいなかったお友だち親子も加わり、3組の親子全員で頭を下げた。男性は昨日とは別人のように優しく、恐縮しながら菓子折りを受け取ってくれた。ホッと一安心した。

そのとき誰かが言った。

「そもそもなんで、公園に、ボウリングの球が落ちてたんでしょうね」

少しの沈黙の後、みんなで顔を見合わせて笑った。

その日はとてもいい天気で、子どもたちは元気に公園に駆け出していった。

駱

「駱駝」

「例えば『能動的な受け身』については、どう考えているんらい？」

　ラクダは言った。

「のうどうてきなうけみ……。いや、そんなややこしいことは考えたこともない。ただ『私を乗せていて重くない？』って聞いただけなんだけど」

　私は言った。

「重いか重くないかで言えば、重い。それは何も乗ってない方がいいに決まってるさ。らけろお前さんの質問の意図を酌んで答えるならば、重くない。お前さん程度ならコブが一つ増えたと思えば特に苦でもない」

「そうか。ありがとうね」

「別にお礼を言われることなど何もない。これはラクラである私のラクラとしての今やるべき仕事らから、たらやるべきこととして受け入れている。お前さんも、今背負っているリュック程度なら許容の範囲内の重さであるということと自分にとって必要なものらということから、さほどストレスを感じることもなく自ら今背中に乗せている。そうらろう？」

「そうだね」

「それにもし私が『重い』と答えたところで、お前さんは私から降りるのかい？　降りないらろう？」

「あぁ、まぁ、そうだね。こんな砂漠で降ろされたらとても困ってしまう。しかもまだ真っ暗でとても寒い」

「そうらろう？　らからお前さんのその質問にはなんの意味もない」

「そうか。ごめんね」

「謝ることもない。お前さんは私を傷つけたわけでもないからその謝罪にはそもそも意味がない」

「じゃあもう何も言わないよ」

「しかし私はお前さんにそう言われて少なくとも嫌な気持ちにはなっていない」

「そうか。それはよかった」

「『ごめんなさい』には二種類あること、お前さんは知っているかい？」

「いや、知らない」

「まず一つ目は謝罪として。二つ目は礼儀として。お前さんの今の『ごめんね』は二つ目の礼儀としてのごめんなさいにあたると推測する。実際のところ、そうらろう？　謝罪としては意味はないのかもしれないが私とのコミュニケーションを取るにあたって非常に良い潤滑油になっていると考えられる。それは相手を安心させるという点においては礼儀として良い作法なのらと感じられる」

「なるほど。なんにせよ嫌な気持ちになってないのなら良かったよ」

「ところでお前さん、そろそろ朝日が昇るよ。砂粒すべて、一粒残らずまた温められる。一粒残らず」

「一粒残らず」

「そうさ。結局のところ、私もお前さんも砂粒も、全てのことが能動的な受け身なんら。そうらろう？」

おわりに

日常の出来事をどんなふうに切り取ろうかと思い、はじめは「衣食住」というカテゴリーで書こうとしていました。それがさっぱり書けない。書きづらい。どうしてなのかはわかりませんが、「衣」「食」「住」からの視点だと頭が全く働きません。「喜怒哀楽」に変更したのは、苦肉の策でした。

するとどうでしょう。自分でも驚くほど書きやすく、書きたいことが次々に頭に浮かんできました。元来なまけ者なのが役に立ったのかもしれません。

今回書きたかったことは、なんてことのない日々こそありがたく、そこに誰でもさまざまな思いがあり、そのどれもがそのままで正解なんじゃないかということ。その瞬間に生まれた感情は営みのひとつとして、なくてはならない大切なものだから。

私の話ではありますが、この本を読んでくすりと笑えたり、小さなざわめきを思い出したりして、みなさまの心がほんの少しでも整理されるささやかなきっかけとなれば、書いてよかったなぁと思います。

最初にお声がけをしてくれた鈴木さん、素晴らしい感想で励ましてくれた楢原さん、全体のバランスを整えてくれた大橋さん、言葉の隙間も見つめてくれた栗田さん、本に光を与えてくれた菊地さん、心を支えてくれている宮本さん、どんなときも味方でいてくれる家族に、心からの感謝を送ります。

そして最後に。この本を手に取ってくれているあなたへ。
どんなお天気の日でも、あなたにとって良い風が吹き抜けていきますように。
心からの感謝とともに。

浜島直子

浜島直子

1976年生まれ、北海道出身。モデル、文筆家。スタイルのある暮らしとユーモアあふれるキャラクターが支持され、女性誌、テレビ、ラジオなど多方面で活躍。著書に『蝶の粉』（ミルブックス刊）、『けだま』（大和書房刊）、共著に『ねぶしろ』（ミルブックス刊）など。夫や息子、愛犬との生活をつづるインスタグラムも人気。Instagram：@hamaji_0912

デザイン＝菊地敦己
写真提供＝浜島直子
DTP＝ビュロー平林
校正＝小出美由規
構成＝栗田瑞穂
編集＝大橋圭介、楢原沙季

キドアイラク譚

発行日　2025年3月27日　初版第1刷発行

著　者　浜島直子
発行者　秋尾弘史
発行所　株式会社 扶桑社
〒105-8070
東京都港区海岸1-2-20　汐留ビルディング
電話　03-5843-8581（編集）／03-5843-8143（メールセンター）
www.fusosha.co.jp

印刷・製本　TOPPANクロレ株式会社

Printed in Japan
ISBN978-4-594-09875-9